花店 The Flower Shop

關於那些花所傳遞的故事

李歐納・科仁
Leonard Koren

04

維也納三百八十三個購花之處，為何是 **Blumenkraft**？

維也納三百八十三個購花之處，

為何是 Blumenkraft？

獨特花藝，

靈感空間，

行禮如儀，

避世之所……

地點。Blumenkraft 位於公寓一樓；十九世紀晚期的華麗公寓，坐落於布爾喬亞式舒適優雅又摩登帶刺的維也納城區。四間現代藝廊、三間咖啡館、潮服與古著小店們、珍本書商、香檳酒商，以及販售舊保齡球改造檯燈、廢棄物再利用的「回收創意再造」商店，同享這個街區。

店中人物

克莉絲汀，Blumenkraft的創辦人與負責人。三十七歲。成長於奧地利福拉爾貝格地區，靠近德－瑞邊界的小村。

踏上花途。在村裡各街道與草地排出長長花徑的童年，兩朵花、一顆石頭、三片葉子……花瓣相間著花蕊與枝條——不斷重複。她十三歲開始在花店工作，十五歲成為學徒。

維也納。二十六歲，為了「一個男人」走進這座大城。她、男人，以及男人的好友因為玩得野，很快在各夜店、餐廳闖出名號。但克莉絲汀想要的遠多過玩樂。她回覆了花藝雜誌上的徵才廣告；一間與歌劇院隔街，坐落在有錢客戶集中區域的花店。克莉絲汀被錄用——據花店老闆之一，彼得所言——因為她表現「十分直率、條理清晰，而且相當專注」。起初兩年，克莉絲汀獨立完成玫瑰騎士[1]店內各種工作，替歌劇明星與其他貴賓客戶打理各式宴會、活動的花藝設計。

下一站。待在玫瑰騎士她挺開心。薪資不錯，也學到不少。像在經營自己的店，她說。但畢竟玫瑰騎士屬於豪奢地段上的華美小店，她的創意不免多少受限。為了消遣，她會替友人的服飾店做些自然派花藝，反而因此收到許多正面讚賞。同時一些玫瑰騎士的顧客也開始勸說：「妳這麼棒，幹嘛在別人手下做事？」

放手一搏。友人服飾店隔壁正好店面招租，朋友力勸她承租。差不多同個時期，克莉絲汀跟建築師格雷戈爾正開始親近來往，於是邀了他一起來看這地方。「明天就上？」他鼓勵她。同時間還有其他人對店面感興趣，克莉絲汀手頭沒有預算，也想不到什麼籌錢方法，建物經理卻因為好印象，延展了她兩個禮拜的考慮時間，甚至提供房租優惠……她在五月簽約，十二月，她的前雇主，彼得出席了Blumenkraft的開幕宴會，公開致詞慶賀。

好花藝師的特質（克莉絲汀的角度）：扎實可靠的花藝技術、不錯的幽默感、對色彩和構圖見解獨到、對人有深厚同理。

安德雷斯，執行經理。三十七歲。出生、成長於德國法蘭克福附近的小村。

踏上花藝師之徑。十五歲，他就已將社工與花藝之路當作唯二的職涯選擇。他挑了花。

早期訓練。他的學徒生活簡直被當成狗對待，老闆要求他即使處理傷人花刺、薊類或帶刺松果都不准戴手套。「這樣才會讓你變強悍。」她說。為此，安德雷斯幾個禮拜雙手持續血淋淋。

深造。他在魏恩史蒂芬國立花卉專職學校[2]獲得碩士文憑，一所小型、自然派，偏向華德福式教學[3]的學校。

偏離花徑，其一。為期兩年的德國義務役期間，他選擇以在精神照護機構服務做替代。他說，這是「辛苦、有趣也滿足」的工作；甚至考慮服役完畢後繼續投身於此。只不過也有相對「危險的一面」：他對照護工作投入過多私人感受。「我實在太喜歡這些人，」他說：「產生了不切實際的責任感。」役期結束，他仍會趁休假跟照顧過的人一起出遊。

偏離花徑，其二。他原本期望進入杜賽道夫藝術學院[4]，但申請失利。被告知他已年屆二十八歲，又受過花藝訓練，思維模式已被「修整」。他轉而至日本教授了兩年半的西式插花；旅居東京與福岡期間，他同時進修日本花道與KYUDO——日式弓道（至今仍持續訓練）。

花藝師人生。安德雷斯節譯了德國詩人，漢斯．馬格努斯．恩岑斯貝格爾[5]的詩文〈花節〉。

我選花。
我整花。
我修花。
我織花。
我綑花。
我造花。
我憑空有花。

我以花迷人。
我以花動人。
我以花誘人。
我以花傷人。
我以花毀人。
我以花溫柔慰藉。

——〈花節〉

薇克，花藝師。三十七歲。出生、成長於德國司徒加特附近的小村。

初入花徑體驗。六歲的她，便跟著姐姐在住家那條街上搭起小攤，販售加工過的葉片、石頭或野花束。

立志成為花藝師。「學校根本是地獄。」薇克十六歲時已決定未來職業要就與動物為伍，不然便與花相關。衡量父母擔心她會選擇「混在粗魯男人裡，又髒又臭還低薪的動物園工作」，最後她去了花藝店當學徒。「我覺得自己選擇正確。」薇克說。

深造。薇克在魏恩史蒂芬國立花卉專職學校取得碩士學位，跟安德雷斯一樣（他們初遇於此）。也進一步在學校裡熟悉彼此。「非常棒的兩年。」她說：「我藉此拓展了視野，接觸更廣泛的文化，結識了一群同樣感性的朋友。」

探索。她嚮往出國。原本她的首選是英語系國家，但又覺得自己的英文能力不夠好；其次選項則是具有不同文化的德語系國家，最後比起瑞士，奧地利勝出。

在奧地利工作。搬來維也納後，她找到玫瑰騎士的工作。幾年後她漸漸覺得無力。「我沒辦法更精進了。」她說。當克莉絲汀離開玫瑰騎士草創 Blumenkraft 時，也力邀了薇克共事。

雅莉珊德拉，花藝助理。三十一歲。出生、成長於奧地利靠近格拉茨的小鎮。

學歷。大學時，雅莉珊德拉主修藝術史和傳播學。（她從未接受過專業花藝訓練。）

踏入花途的決定。大學畢業後，雅莉珊德拉進入維也納頗負盛名的公關公司工作。最「衰」的那日，她決定辭職。幾個月前，大嫂才讓她看過雜誌上 Blumenkraft 的專題報導。「那個地方看起來空間挺大，」雅莉珊德拉說：「鐵定有屬於我的位置。天真的我根本不知道他們具體在做什麼，但我想瞭解。」仍在公關公司就職時，她就詢問了克莉絲汀能否在週六打工，半年過去——公關公司的職務交接完成——她告知克莉絲汀：現在起我每天都能上班了。

雙親失望了。在她長大的地方，花店工作不過只是賣花：地位差，薪水少，沒了。當她告知父母，自己辭了光鮮亮麗的工作去花店當學徒時，他們失望至極。「我一向是模範女兒。」她說：「從來沒叛逆過，這是個機會。」

花事訓練。初入 Blumenkraft，雅莉珊德拉小心翼翼不想犯錯。她想，大家都在期待她這種（老）年紀的人必須有什麼夠厲害。直到店裡每位員工都給過她私下建議。「花了幾個月的時間，我的腦袋才完全翻轉。」雅莉珊德拉說：「當我總算停止亂想，才開始找到樂趣。」

格雷戈爾，Blumenkraft 的建築設計師。四十八歲。出生、成長於奧地利北部的小村莊。

準建築師訓練。從建築設計學院剛畢業時，格雷戈爾還沒有辦公室。名片上他寫的電話和地址是一家常去的咖啡廳。長達兩年半，他每天花六、七小時坐在這家咖啡廳畫設計稿和接生意。（咖啡廳由阿道夫・盧斯[6]設計。十九世紀末維也納知名的設計師，以一篇將建築裝潢比擬成犯罪的文章而家喻戶曉。）

克莉絲汀與格雷戈爾如何成對。克莉絲汀愛上格雷戈爾，同時也意識到 Blumenkraft 應該交由他設計。為了追求格雷戈爾，克莉絲汀每隔兩、三天便送他紫羅蘭（花語是神祕的愛）。由計程車從城市不同地區專程送達，讓格雷戈爾毫無頭緒。三個月後，克莉絲汀在親戚的公寓安排了晚餐聚會。只有格雷戈爾是重點，其他十七人都不過是打氣用親友團。當晚卻糟糕透頂。一旦格雷戈爾過於靠近，她就連話都講不好。她跌下椅子，格雷戈爾伸手相扶卻讓她癱軟，一把扯下桌布，餐墊、餐具全撤落地。眾人疑惑：「克莉絲汀妳搞什麼啊？」聚會結束，她安排格雷戈爾跟自己搭同一輛計程車，路程中提議再去喝一杯。終於她在酒吧裡坦誠：「紫羅蘭是我。」克莉絲汀自覺難堪到整個人陷進椅子裡，幾近滑下座位。同樣有點尷尬的格雷戈爾改變了情節，隨她的動作，牽起克莉絲汀的手輕柔一吻。不久後，他們成為男、女朋友。

從克莉絲汀的角度看合作關係

- 格雷戈爾從不會說：「妳偏好大理石、木頭，還是金屬？」而是能藉由詢問：「妳喜歡聽藍尼、王子或者詹姆士・布朗[7]？」將克莉絲汀的藝術直覺轉化落實成建物設計。
- Blumenkraft 店內的許多裝置細節，都源自克莉絲汀的個人特質，隱晦的詩意體貼。舉例來說，店內金屬架的高度與克莉絲汀臀高相符。
- 格雷戈爾擅長掌控預算。

從格雷戈爾的角度看合作關係

- 「第一次開會，她已全然理解我。她希望我盡情發揮。我首次擁有這種體驗，她給我全然自由。」
- 「克莉絲汀希望我們能一起創作：嶄新、突破以往想像的維也納花店，是第一件作品。我們兩人都期待花店不單是新穎，還要有趣。她屬於直覺型，而我是思考型，卻擁有一致的方向。」
- 「對花、花店，我毫無概念，但發現以前沒有人特別針對花店做過設計，讓我很開心，找到建築設計的全新領地。」

美的社群延伸。Blumenkraft還有兩位來自斯里蘭卡的員工，卡摩（右頁照片中這位）與帕瑞克拉瑪。他們通常清早或深夜上工，協助清洗花器和處理花材。另外還有克莉絲汀七位兄、姊（克莉絲汀是家中小寶貝），外加表兄妹和堂姊弟。親友團工時彈性，像聖誕季，或某位員工去度假，他們就過來填補人力空缺。有些前員工——比如正在倫敦就讀藝術學院的維克多，每次回來維也納也都會加入協助。

花店設計

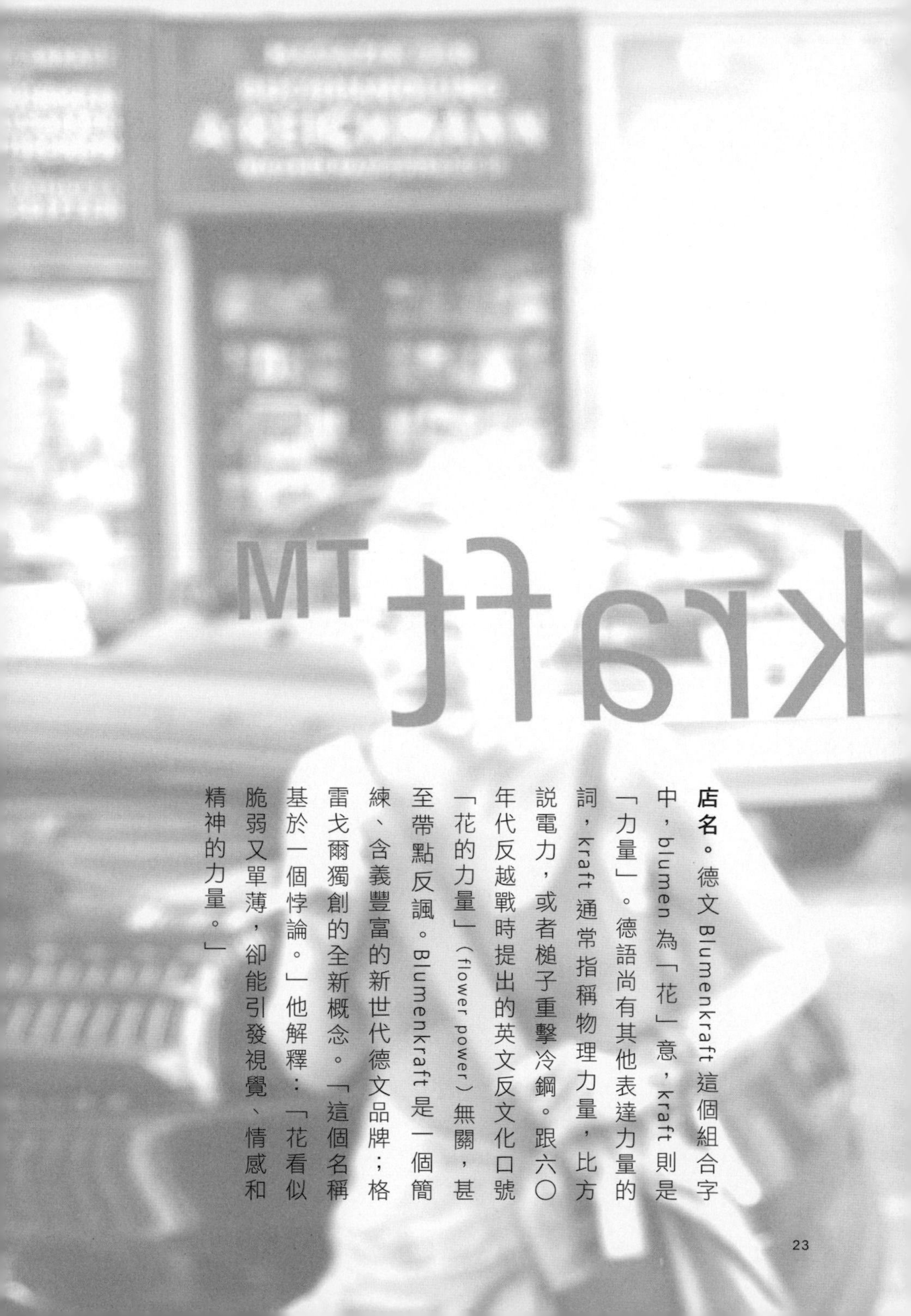

kraft™

店名。德文 Blumenkraft 這個組合字中，blumen 為「花」意，kraft 則是「力量」。德語尚有其他表達力量的詞，kraft 通常指稱物理力量，比方說電力，或者槌子重擊冷鋼。跟六〇年代反越戰時提出的英文反文化口號「花的力量」（flower power）無關，甚至帶點反諷。Blumenkraft 是一個簡練、含義豐富的新世代德文品牌；格雷戈爾獨創的全新概念。「這個名稱基於一個悖論。」他解釋：「花看似脆弱又單薄，卻能引發視覺、情感和精神的力量。」

場域。這個空間的首位承租人是家用電器經銷商，當時隔出許多小空間。在克莉絲汀和格雷戈爾移除這些矮小隔層和剝除牆面塗層後，鑄鐵廊柱奇蹟般顯現。三百五十平方公尺的寬敞空間、挑高七公尺的天花板就此還原。克莉絲汀將它當成「神聖空間」的啟示；格雷戈爾則說這地方已臻「完美」不該「違逆」，因此建築設計的原則是維持最少更動。

聲響效果。所有硬質材料——石板地面、牆壁貼面、天花板，到不鏽鋼和水泥的展示座——周圍都會產生清脆回音，使空間對音樂及其他聲響的調性敏感連動。

光。照進空間的自然光十分有限——只有面朝街道的那扇窗而且為時不長。為了補光，格雷戈爾在牆周加裝了石英燈軌道照明。（「軌道燈其實有點俗氣。」他說：「等我們有點閒錢，再改成上照間接光源。」）另外裝設八座垂吊式大燈，它們營造了柔和、感性的光影。

工作檯。開放式工作空間中最醒目的，就是九公尺長的工作檯。工作檯分出三張獨立檯面；沒有前後之分，工作人員和客人得以隨意穿跨工作檯至任一側。三張獨立工作檯各由一大片不鏽鋼製成，彎折出一個寬胖、中空的T字外型。（中空部分大到足夠讓孩子們——如他們喜愛的——在其中爬行、穿越。）

工作檯運作良好。不鏽鋼工作檯易於清潔。冷硬、金屬光澤的質感，恰好與鮮花及其他自然素材形成鮮明對比。還有一個與實用無關的特色——些微來自手臂或臀部的觸碰，都會讓檯面搖晃。這個果凍搖晃似效果的功能不明。只知道——格雷戈爾把設計稿和模型交給製造商後，製造過程中廠商察覺檯面只要輕敲就會晃動。

他建議加裝交叉肋板協助穩固，格雷戈爾回絕了，一旦更動中空結構將不再「純粹」。不久後裝設工作檯，克莉絲汀敲敲桌面，露出擔憂。「會晃！」她驚呼。一旁的廠商也顯現驚恐。格雷戈爾機智回應：「宇宙也晃啊。」接著向一臉疑惑的克莉絲汀平靜建議：「別擔心，它會協助妳。」

辦公室。開放空間一側的盡頭，牆邊有個洞穴般的入口。裡頭有筆記型電腦、傳真機，倚牆排放著相簿、畫作；為數眾多的書，以及一張桌面附了兩枚彈孔的玻璃桌。（玻璃桌面是作品打樣，格雷戈爾預想中的成品是彷彿「捧花」般延展出九條裂痕。）

陳列架：底座。格雷戈爾説，展示底座是一種擬花形：混凝土製，高而扎實的「花朵」，細長薄鋼的「花莖」。

牆面攝影。兩幅攝影作品分別列於店內兩側。格雷戈爾稱其也是空間設計的一環，藉以「拓展空間」、「延伸視野」。這組攝影作品每年更換，主題通常與花相關，儘管可能是抽象概念。兩年前是一張床墊，裹著花朵印花床套；去年則是一輛佇立於原野叢間的摩托車。

陳列架：大型展架。類似不鏽鋼工作檯，具T型輪廓；為挑高空間設計的高挑外形。

臨終花區。一朵花，在店裡會經過兩到三次，有時甚至四次處理；包括花器間移動、進行修整，或送出花店至客戶手中，過程難免有折傷花莖之類的碰損，影響品質。受損花材會置放在店裡的「臨終花區」，這裡的花免費索取，送給小孩子或員工親友，或讓員工練習插花。雅莉珊德拉常用這些花練習，編製未來婚禮的捧花，或芭比娃娃的迷你花束。

雅莉珊德拉不樂見花因輕微損傷就遭丟棄，這讓她不好受，所以帶它們回家。原本克莉絲汀在店裡後方為「臨終花區」畫出的一小區範圍，被雅莉珊德拉擴大，儼然成了「護士長」。「以嚴格商業運作來看，花時間在不能賣或賣不掉的花上，是浪費。」雅莉珊德拉說：「不過既然我沒有直接參與花店經營，就不需要『顧全大局』。如果我是經營者，可能也會直接把這些花扔進垃圾回收。幸好我不用考慮這些。」

這個概念至關核心，但難以解釋。這是一家花店，卻無花亦可；顧客很重要但也非必需；作品很美，但過程艱難。

——雅莉珊德拉

早上九點到晚上七點，每天工作十個小時很正常。有時一天工作十一個小時，早上八點開始，直到晚上七點。聖誕節前一、兩個月，一週工作八十到九十個小時很常見。

聖誕節前七週，難熬的日子就來了。人們潛入店中，專挑員工最勞累脆弱時出手伏擊……這段時間忙翻天——漫長又難熬，根本無力判斷手上的作品好壞。但你沒有選擇只能繼續。原本還有辦法幽默、俏皮一下，瞬間就迎來崩潰場面。大家都迫切需要休假，但根本做夢。所有積極正面的感受煙消雲散，僅剩工作，我叫它「憂鬱時節」。

——雅莉珊德拉

有時我會到有錢客戶家協助晚宴做插花佈置，盯著他們桌上那二十瓶頂級波爾多，我會想：「好希望我也可以。」

——安德雷斯

平常我才不會嫉妒別人有錢，只是在財務吃緊，付不出供應商貨款時，偶爾不免捫心自問：「我的選擇對嗎？」

——克莉絲汀

美學與方法

每一朵花。所有進入Blumenkraft的，一花一木、一枝一草，都由員工親手處理。每朵花的枝條均單枝修剪，完好的維管束才能將水分輸送至花朵。常見的處理是對莖部下端修裁出斜切面；但有些花需要特殊切法，例如在底端切口往上做十字切，延伸約數公分。木質枝條的處理手續更複雜。舉例來說，丁香類及會開花結果的樹種，需要用鎚子敲打；繡球花類的花莖則要先燙過熱水或滾水；還有一些花，如蓮花類和罌粟花科，從植株剪下就無法自行開花，需藉人工打開花瓣。

「過程中，」克莉絲汀說：「我們仔細看待每一朵花，發現它絕無僅有的獨特之美。」

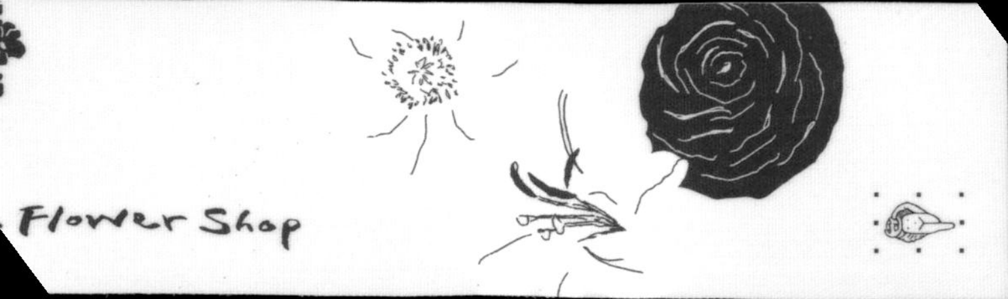
Flower Shop

Blumenkraft 花材的來源：

公營批發花市，位於城郊。每週有兩天的清晨四點，店內的其中一位員工會出動那輛外觀搞笑的卡車，途中順路會去位於同區的一家大型私營花材批發商。

聖雷莫，位在義大利利古里亞海岸。運至Blumenkraft的花材，會以義大利彩印報紙包裹，在夜半運到。店內員工會再將這些報紙整齊摺放，重複使用。

阻礙交通的十四輪大卡車，每週會從荷蘭的阿爾斯梅爾——全世界最大的花卉拍賣地——出發，一路行經德國與奧地利。Blumenkraft 是第三十五站。

其他非典型供應商，比方說，音樂人京特，同時也是表演藝術家和景觀園藝師。他在維也納北部，約一小時車程的郊區租了兩畝地，種植火麻、野生薔薇和野莓等植物。要是他在樹林裡撿到有趣的植物，或幫有錢客戶修剪異國植栽，都會收集這些枝葉花草拿給克莉絲汀。「我很好奇克莉絲汀會把帶過去的東西變成什麼樣子。」他說：「她的設計從不重複。」

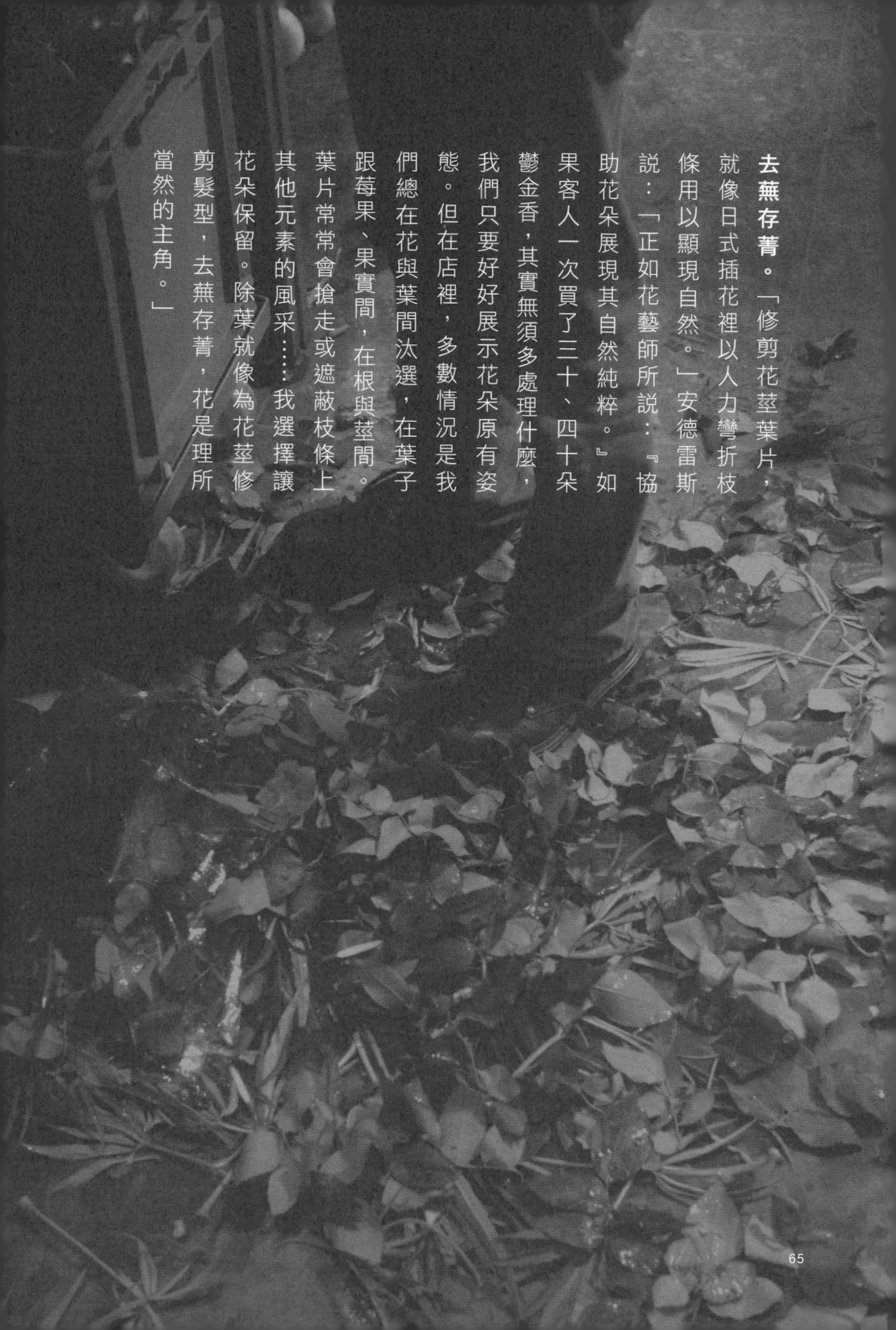

去蕪存菁。「修剪花莖葉片，就像日式插花裡以人力彎折枝條用以顯現自然。」安德雷斯說：「正如花藝師所說：『協助花朵展現其自然純粹。』如果客人一次買了三十、四十朵鬱金香，其實無須多處理什麼，我們只要好好展示花朵原有姿態。但在店裡，多數情況是我們總在花與葉間汰選，在葉子跟莓果、果實間，在根與莖間。葉片常常會搶走或遮蔽枝條上其他元素的風采……我選擇讓花朵保留。除葉就像為花莖修剪髮型，去蕪存菁，花是理所當然的主角。」

現代花藝和古典花藝。比起古典花藝，克莉絲汀和員工們更偏好現代花藝。古典花藝外觀對稱；結構飽滿蓬鬆，或扎實成束。色彩協調。古典花藝常以綠色作飾。比方說，大小一致的紅玫瑰細實成圓束，綴飾些許綠色蕨類。（在 Blumenkraft 裡稱為「玫瑰炸彈」。）相較起來，現代花藝自然許多，通常為線性排列，不管橫向還是軸向都未必對稱，顏色配搭多變。現代花藝更生動，更「不受限囿」。

精緻、超現實奇異感是 Blumenkraft 現代花藝的特色。主要透過以下三個方法達成：

一、組合自然界不可能同時出現的花，比方生長在不同氣候、地域、地質帶的各類花卉——如風信子、陸蓮、紫丁香及火鶴——全放在一起。

二、使用長形、細窄，延展性佳的綠色植物枝條、葉片——像木賊或蒲草，綑綁花束。細長扁薄的蒲草可以在花莖前後多道綑綁，或如蛇過叢林穿行莖枝。木賊也類似，加以莖上如竹子一般的節，彎折時會展現銳角或線條。以這兩種植物裝飾花的底部，能在視覺上產生彷彿畢卡索立體派的鳥巢效果。

三、除去所有葉子，或僅留最少葉量。

透明。「切花[8]是抽象的落實。」安德雷斯說：「但如果把花擺進玻璃容器，展示花莖，這個抽象概念便能再一步推向極致。」

Blumenkraft 最常使用的玻璃容器並不是花瓶，而是水族箱。有天克莉絲汀買回來一只水族箱，花束的三維結構像雕塑般在裡頭呈現。可惜市面現成的水族箱都不符合她的想像，她翻遍電話簿找到一家熱帶魚經銷商，提供她客製尺寸。自此，Blumenkraft 有了水族箱花器——他們稱之為「花族箱」（經過一番腦力激盪後想出的名字）——尺寸各異共十八種款式。花族箱解決許多插花設計的問題：不干擾視線，風格隨內容物特質不同而改變，可乾可濕，不管大小、完整或零碎的花材皆可容納。

半透明。Blumenkraft使用拉菲草——一種棕櫚葉纖維——來綑綁花莖，再以一種白色半透明、蠟質表面的牛皮紙——傳統帽匠常用的特殊包裝紙——包裹。以牛皮紙包好，一端捲起來用釘書針封口，另一端再用拉菲草綑緊。

即興：善用偶發狀況。「兩年前，」安德雷斯回想：「我最好的朋友尤塔要在德國的古堡舉辦婚禮。我在婚禮前三、四天預先抵達，協助準備宴客飲食——也順便游泳、散步，放鬆一下。林中某天，尤塔問我願不願意幫忙做新娘捧花。我們品味相近，我可不能設計個沒新意的古典捧花應付，但也不好做個只能自我欣賞的現代捧花。」

「我想到納入表演藝術的元素。我走進花園，寫了些文字在紙上，算短詩吧。婚禮前一個小時，我請兩位朋友，芭芭拉和瓦爾特勞德，領著新人們一起到一間挺特別的大房間。我安排芭芭拉和瓦爾特站在特定位置，跟我圍成一個三角形。接著請尤塔和準丈夫端坐椅上——國王和王后般，觀看演出。芭芭拉緩緩讀詩，瓦爾特跟隨每一個詩句揀花拋向空中，由我於落地前接下。當花拋盡，我著手整束——按承接的順序——以拉菲草扎綑。這挺隨性，不時尚、不故作姿態，卻終身難忘。」

變化。每週兩次，按照店內設計走向，展示台、花族箱跟花器的擺放會定時更動。克莉絲汀於週日下午和週四晚上進店裡，在卡摩和帕瑞克拉瑪的協助下施工。店面脫下舊衣，細節盡顯。每只花族箱跟花器在店後頭全部清洗，汰舊換新。更新巨大花族箱的位置。展架們重新排列，花材更動擺放設計。所做這些，按克莉絲汀所言，是「為了復原空間的靈感」。當然，實驗花器不同的擺放方式本身就挺好玩。

如何打造及維護花店的美學秩序？

雅莉珊德拉建議，將 Blumenkraft 的營運概念比擬成一棟建物。

- 地下室為 Blumenkraft 的美學核心，複雜，無法言傳。
- 一樓是花店的建築、空間設計。
- 二樓是物件的陳設：展示座和水泥凳，與其他。
- 三樓是花器、花族箱擺放的各種方式。
- 四樓是花材在花器或花族箱裡被放置的姿態。

「你可以弄亂花材——甚至抽掉——但秩序仍在。」雅莉珊德拉說：「可以拿走花器和花族箱，但秩序依舊；可以更換家具陳列，而美的秩序總會在。」

客戶關係

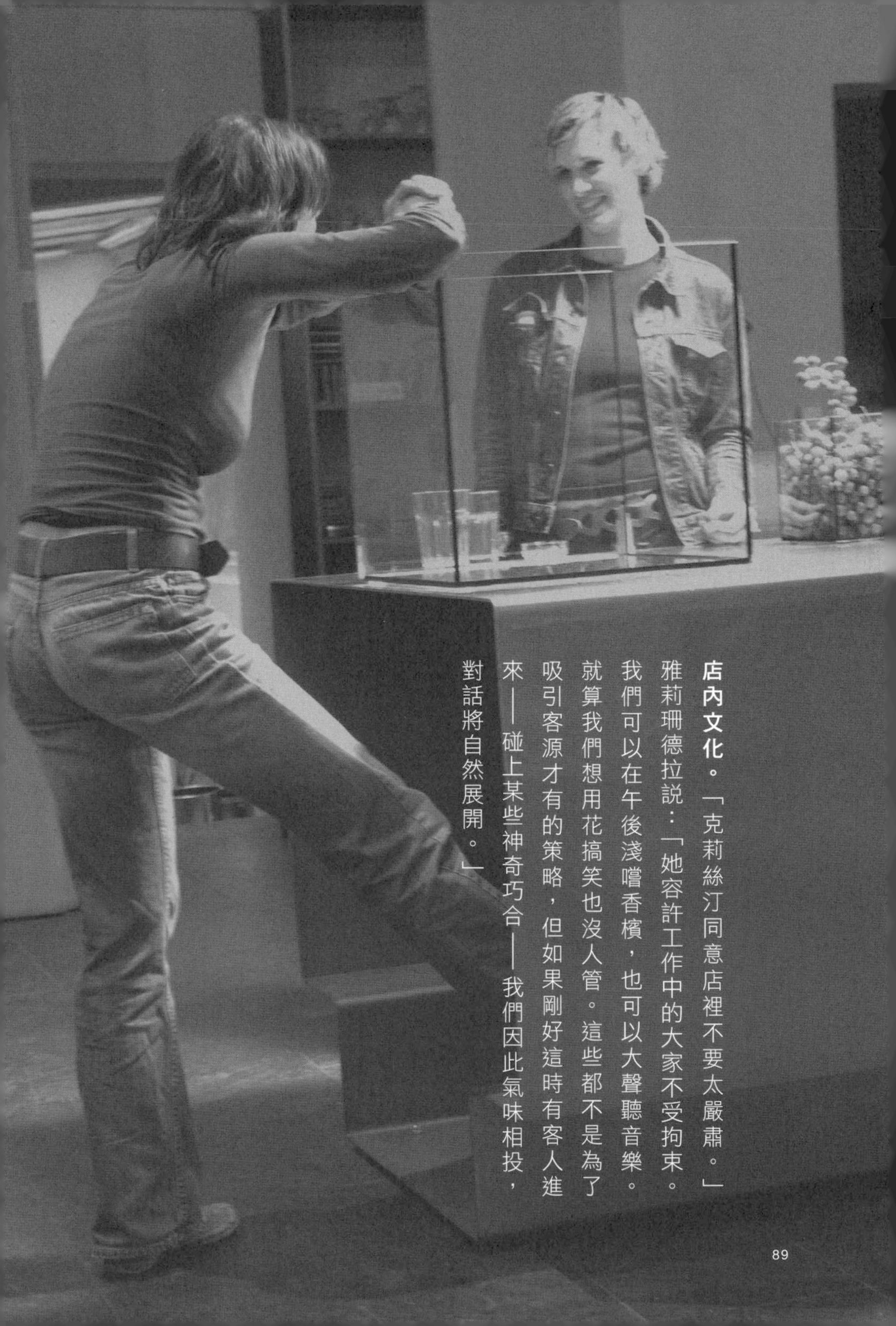

店內文化。「克莉絲汀同意店裡不要太嚴肅。」雅莉珊德拉說：「她容許工作中的大家不受拘束。我們可以在午後淺嚐香檳，也可以大聲聽音樂。就算我們想用花搞笑也沒人管。這些都不是為了吸引客源才有的策略，但如果剛好這時有客人進來——碰上某些神奇巧合——我們因此氣味相投，對話將自然展開。」

花店常客彼德，和他的狗保羅……兩名天使如鳥啾鳴的詠嘆調，因空間音響放大。店裡洋溢著近乎神聖的喜樂情緒。此刻，美的結構顯現，有神存在。

奧斯卡的媽媽會讓奧斯卡留在花店裡。好趁空到附近辦點事。

「我覺得維持店裡輕鬆不緊繃的氣氛很重要。」克莉絲汀說：

「我希望來店的客人都能感到自在。」

某個週四下午的隨筆

- 滿頭捲髮的小女孩，全身粉紅裝扮，讓保姆跟著，以滑板車踩進花店。「我想買花送媽咪。」小女孩說，攤開手掌：「我有這些錢。」不到一歐元。克莉絲汀笑著，挑了一些蘭花，包裝好，接下那些銅板。
- 近三十歲的亂髮男人訂了三十七朵玫瑰。十秒鐘後，他又說：「我想了一下，還是三十九朵玫瑰好了。」薇克推想，這可能是男人遇見情人那日迄今的天數。
- 雅莉珊德拉會把不新鮮的玫瑰花瓣剝下，收集包裝。二十分鐘後，附近的達斯里雅斯特精品設計飯店[9]會遣人過來取走包裹。雅莉珊德拉說：「我們幫他們一點小忙，他們將花瓣灑在每個馬桶。」

• 滿面愁容的男人晃進店裡，向雅莉珊德拉訂了一束花。花束卡片寫著：「幸運的人感受，不幸的人思考。」

• 裝扮入時的女人走進店裡，說自己一個半月前買了兩打巧克力波斯菊，一下子就死了讓她很生氣，但不想張揚。沒有收據、沒有退貨，單要賠償。薇克微笑包好一束花。離開時女子也有了微笑。

• 克莉絲汀前往城內重要的藝術場所「維也納藝術之家」做一些公益工作，替「地獄之火餐飲俱樂部」晚宴做佈置。這場受達達主義啟發的晚餐由維也納一流主廚親手準備，菜名奇特，包括「病豬」、「鵝肉培根」和「蝙蝠肉」。

顧客喜歡跟值得尊敬的人做生意。換句話說，如果顧客覺得店員與他們相互平等，就會樂意互動。薇克依顧客的反饋將員工素質分成三等：

- 最高級：能夠從感性層面討論花
- 中等級：通曉一般文化知識、富有創意之人
- 普通級：保持整潔；乾淨的雙手、指甲和服飾

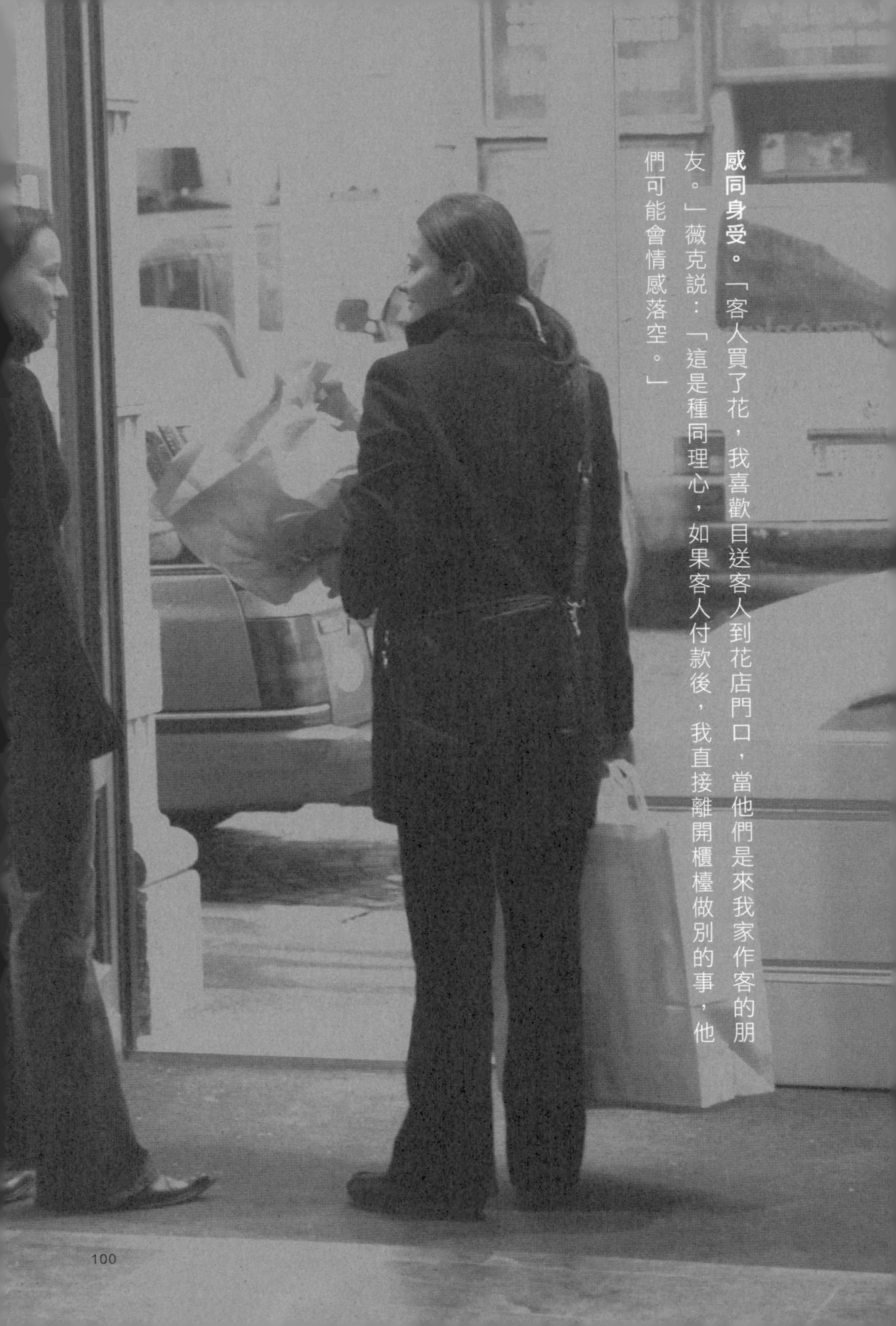

感同身受。「客人買了花，我喜歡目送客人到花店門口，當他們是來我家作客的朋友。」薇克說：「這是種同理心，如果客人付款後，我直接離開櫃檯做別的事，他們可能會情感落空。」

掌控失序。不難想像情人節是一年裡特別適合花店的時刻：愛情和花朵並存於這個美麗殿堂。Blumenkraft裡卻鮮見心型設計，除了鬱金香的自然花型。沒有情人節卡片也沒有節日商品；Blumenkraft的美學遠比這些更複雜，但他們還是會略作變通，犧牲一下固有品味。例如，Blumenkraft的綁花通常是請客人等待現場製作，但情人節這天會販售預先綁好的花束；店內播放的音樂也一改平常深刻、鼓舞、前衛的風格，讓《二十首抒情經典入門曲：伯特·巴克瑞克》[10]專輯一再重播、重播，再重播。本日的Blumenkraft很入世。

這一天的客人：比平常少了點優雅，不太在乎禮節。事實上，簡直無禮。前一日下雪，影響交通，情人節的購花潮被壓縮到最後一刻。入侵式地對店員頤指氣使：「現在就給我一束花！」不耐地在店裡來回踱步。輪到他們，通常也就只是想要無聊沒創意的花束：大朵、艷麗、越大把越好的玫瑰花束。店員多半理解，盡力禮貌

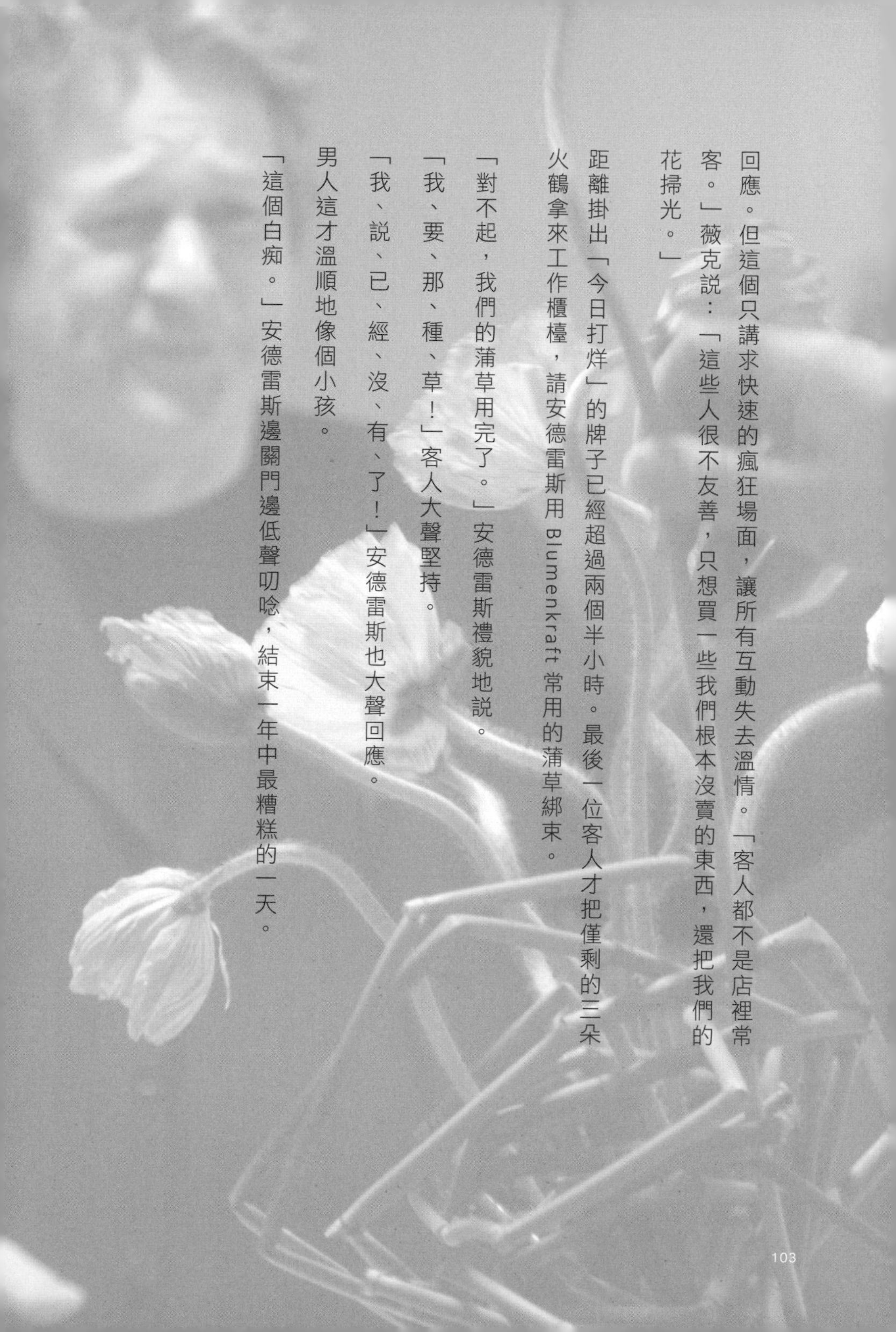

回應。但這個只講求快速的瘋狂場面，讓所有互動失去溫情。「客人都不是店裡常客。」薇克說：「這些人很不友善，只想買一些我們根本沒賣的東西，還把我們的花掃光。」

距離掛出「今日打烊」的牌子已經超過兩個半小時。最後一位客人才把僅剩的三朵火鶴拿來工作櫃檯，請安德雷斯用 Blumenkraft 常用的蒲草綁束。

「對不起，我們的蒲草用完了。」安德雷斯禮貌地說。

「我、要、那、種、草！」客人大聲堅持。

「我、說、已、經、沒、有、了！」安德雷斯也大聲回應。

男人這才溫順地像個小孩。

「這個白痴。」安德雷斯邊關門邊低聲叨唸，結束一年中最糟糕的一天。

實作

有時候客人會以電話訂花，之後打來回覆花已收到——但這花真醜。我禮貌回應：「世上沒有醜花，花都是美的。我猜你的意思是，你不欣賞我們的花藝。」

——克莉絲汀

我為客人量身打造作品。我會考量他們的需求，他們的個性、肢體語言及穿著……同時也會環顧店裡，看看當下哪一種花最吸引我。還有一點就是，在我當著他們面前選花、插花時，盯著我看的客人反應如何，也是重要參考。我猜，他們也認同我仔細思量的態度。總是很好奇我會為他們選出哪些花，如何設計出專屬於他們的作品。

——克莉絲汀

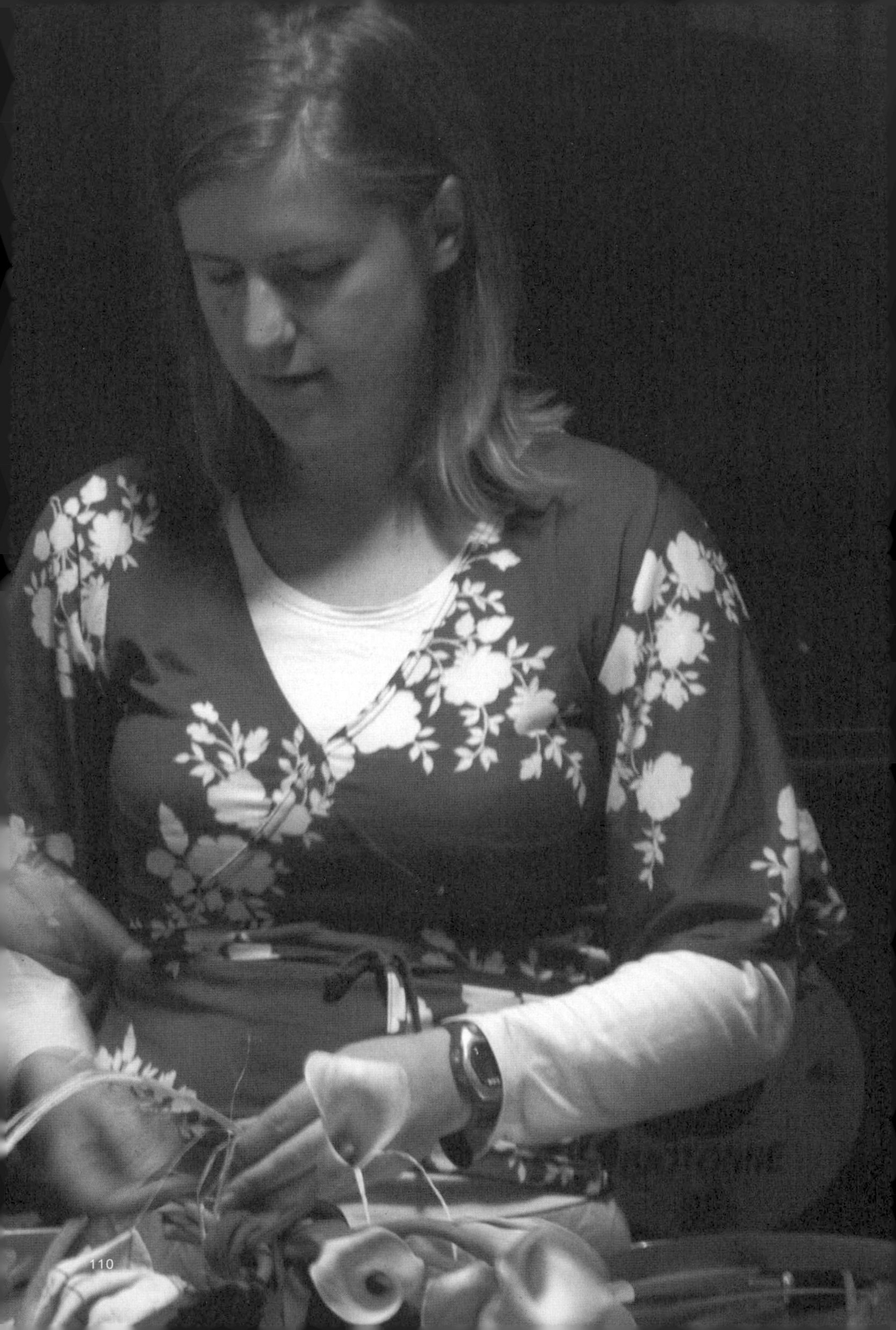

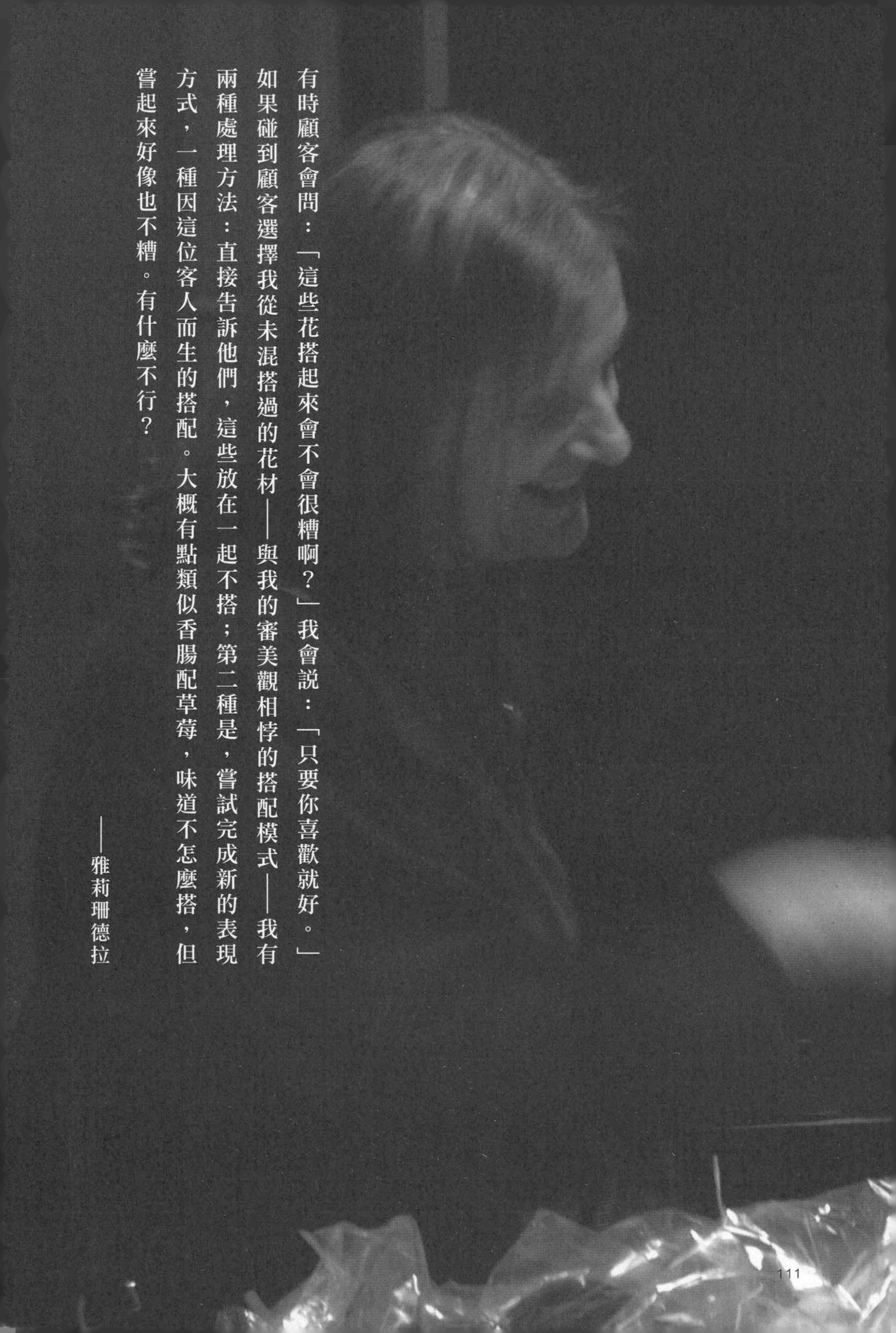

有時顧客會問：「這些花搭起來會不會很糟啊？」我會說：「只要你喜歡就好。」如果碰到顧客選擇我從未混搭過的花材——與我的審美觀相悖的搭配模式——我有兩種處理方法：直接告訴他們，這些放在一起不搭；第二種是，嘗試完成新的表現方式，一種因這位客人而生的搭配。大概有點類似香腸配草莓，味道不怎麼搭，但嘗起來好像也不糟。有什麼不行？

——雅莉珊德拉

顧客初次造訪 Blumenkraft，跟走進其他花店一樣，沒有不同。但當他們再次光臨，遊戲——對話的樂趣——便開始了。具體細節因人而異，每位顧客、每位店員不盡相同。多數顧客與我們共擁一種立基於對話遊戲的關係——一段只存於彼此的故事或往事。也因此在這裡工作從不無聊……我從未跟客人明說遊戲的事，他們卻明白規則。

——雅莉珊德拉

當我們執行花藝設計，代表正試圖改變花的情境、脈絡。儘管「賦予新的情境脈絡」被認可為「藝術」——特別在安迪．沃荷的藝術理論中——但我更喜歡「地球人」（實際）一點的說法：一切只為賣花。

——雅莉珊德拉

終章

兩、三週前，有位女人走進店裡，說她需要一束棺木上用的後事花。她在店裡停留了一個小時，我們討論了她對逝去之人的想法和感受。從某方面來說，過程彷彿一場藝術行為。

我們從店內一角開始，緩緩繞行花店。她述說逝者非常和善、純樸、堅強。因此我挑了一些展現簡單純樸，卻具堅定堅強特質的百里香；也有潔淨之意。她想要象徵鮮血的植物，我們選了一把會在冬天轉紅的西伯利亞紅瑞木。接著我們還挑了白百合，象徵純潔；以及藍色的風信子，藉顏色表達期待回歸最初的神祕起源。這些風信子都帶著球莖，賓客在喪禮結束後，能帶回家種進院子裡；在每年花開懷念逝者時，成為新的記憶。選好花，她對我說：「謝謝你，我現在感覺好多了。」

——安德雷斯

幾個月前，有位男人一進店便說：「我有個問題想問，請不要殺我？」我說，通常我不會殺顧客。他詢問是否能陪他一起到墓園佈置，我回當然。他顯然很開心，他那二十多歲的藝術家女友因無法言說的事件過世，已經好幾週，我是第一位願意協助的花藝師。

由於政府的規定，喪禮某些儀式非常嚴格不容更改，但男人試圖一一改變。比方，告別式選在墓邊，而非禮拜堂；也因此需要我協助佈置。他希望有個寫著告別辭的花圈。便問我，他想的這些話會不會太幼稚，我鼓勵他，這是場溫柔儀式，為棺木擺上後事花——像一床花毯——對他同等重要，如同為孩子蓋被以免受寒。

這名悲傷男人需要一種合適的方式，表達自己的哀痛。他需要解開悲傷、他需要為戀人準備好最後一份禮物。他有我的私人手機號碼，並在深夜打給我。他變得十分依賴我處理喪禮相關繁瑣雜事。但我不介意。

——安德雷斯

1 Der Rosenkavalier，目前已歇業。

2 Staatliche Fachschule für Blumenkunst Weihenstephan

3 原文為「魯道夫·史戴納（Rudolf Steiner）的教育哲學」，按其創立之教育系統修譯為「華德福」。

4 Düsseldorf Art Academy

5 Hans Magnus Enzensberger，德國詩人、作家。

6 Adolf Loos，建築師，著名論文〈裝飾與罪惡 Ornament and Crime〉抨擊盛行於當時帶有強烈裝飾性的新藝術風格，觀點奠定包浩斯設計工作室的基礎，並且幫助定義強調功能性、理性的現代主義建築風格。

7 Lenny Kravitz 美國創作歌手；Prince 美國創作歌手，原名 Prince Rogers Nelson，於 2016 年離世；James Brown 美國創作歌手，於 2006 年離世。

8 切取植株具觀賞價值部位，做花藝材料之用。

9 DAS Triest, A Design Hotel

10 Twenty Easy Listening Classics：Burt Bacharach

誠摯感謝 Blumenkraft 的員工、合作廠商、各位朋友及顧客，在籌備新書的過程提供友善協助。也特別感謝 Mikkel Aaland、Emilia Burchiellaro、Peter Goodman、Ron Meckler、Bill Tom 及 Nan Weed 提供的意見及協助。

花店
關於那些花所傳遞的故事

作　　者　李歐納．科仁 Leonard Koren
翻　　譯　藍曉鹿
審　　校　陳敬淳
總　編　輯　周易正
主　　編　胡佳君
責任編輯　徐林均
編輯協力　郭正偉
美術設計　劉思妤
行銷企劃　陳姿妘、李珮甄
印　　刷　崎威彩藝
定　　價　320元
I S B N　978-986-99457-9-0
2021年9月　初版二刷

出 版 者　行人文化實驗室／行人股份有限公司
發 行 人　廖美立
地　　址　10074 臺北市中正區南昌路一段49號2樓
電　　話　+886-2-3765-2655
傳　　真　+886-2-3765-2660
網　　址　http://flaneur.tw
總 經 銷　大和書報圖書股份有限公司
電　　話　+886-2-8990-2588

花店製作委員會，祝福您擁有美妙生活。

國家圖書館出版品預行編目 (CIP) 資料

花店：關於那些花所傳遞的故事／
李歐納．科仁 (Leonard Koren) 作；藍曉鹿譯．
一初版．一臺北市：行人文化實驗室，2021.06
128 面；14.8 x 21 公分
譯自：The flower shop: charm, grace, beauty, tenderness
in a commercial context

ISBN 978-986-99457-9-0（平裝）

1. 花卉業 2. 商店管理 3. 生活美學

489.9　　　　　110006765